V

29539

ABRÉGÉ

D'ARITHMÉTIQUE

DÉCIMALE

Tout exemplaire qui ne sera pas revêtu de ma griffe sera réputé contrefait.

———

VALEUR DES SIGNES
EMPLOYÉS DANS CET OUVRAGE

—

+ signifie *plus.*

—   —   *moins.*

×   —   *multiplié par.*

:   —   *divisé par.*

=   —   *égale.*

ABRÉGÉ

D'ARITHMÉTIQUE DÉCIMALE

MISE A LA PORTÉE DES ENFANTS

PAR

UN ANCIEN PROFESSEUR

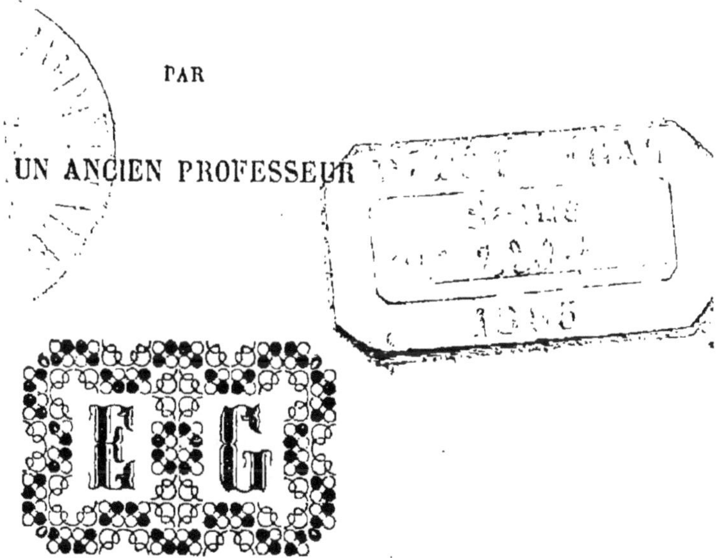

PARIS

ELIE GAUGUET, LIBRAIRE-ÉDITEUR

12, RUE CASSETTE, 12

—

1865

ABRÉGÉ
D'ARITHMÉTIQUE DÉCIMALE

DÉFINITIONS PRÉLIMINAIRES.

1. Qu'est-ce que l'arithmétique ?

L'arithmétique, c'est la science des nombres ; elle a pour but de nous faire connaître les moyens de représenter les nombres, de les composer et de les décomposer.

2. Qu'est-ce qu'un nombre ?

Un nombre est une réunion plus ou moins considérable de grandeurs ou d'objets semblables.

3. Quel nom donne-t-on en général à chacune de ces grandeurs ou à chacun de ces objets ?

On donne à chacune de ces grandeurs ou à chacun de ces objets le nom général d'*unité*.

4. Qu'est-ce que l'unité ?

L'unité est ce qui sert de terme de comparaison aux objets de la même espèce. Dans cent francs l'unité est la franc. Dans un sac de pommes l'unité est la pomme.

5. Qu'est-ce qu'une grandeur ?

On appelle grandeur ou quantité tout ce

qui peut être augmenté ou diminué comme un champ.

6. Y a-t-il beaucoup d'espèces de grandeurs ou d'unités ?

Oui, il y a une infinité d'espèces de grandeurs ou d'unités qui peuvent cependant se séparer en deux classes : 1° les grandeurs, ou unités arbitraires ; 2° les grandeurs, ou unités conventionnelles.

7. Qu'appelle-t-on grandeur ou unité arbitraire ?

On appelle grandeur ou unité arbitraire, un objet quelconque pris dans la nature, comme un arbre, un fruit, un chien, une maison, etc., etc.

8. Qu'appelle-t-on grandeur ou unité conventionnelle ?

On appelle grandeur ou unité conventionnelle, une grandeur ou un objet connu, déterminé à l'avance et toujours invariable, c'est-à-dire le même.

9. Combien y a-t-il d'unités conventionnelles ?

Il n'y a que six unités conventionnelles, savoir :

Le *mètre*.

L'*are*.

Le *stère*.

Le *litre*.

Le *gramme*.

Le *franc*.

Les six unités conventionnelles forment la base de la partie de l'arithmétique appelée *système métrique*.

10. Combien y a-t-il d'espèces de nombres ?

Il y a deux espèces de nombres, les nombres concrets et les nombres abstraits.

11. Q'est-ce qu'un nombre concret ?

Un nombre concret est celui après lequel on énonce l'espèce de ses unités : Ex.: Trente et une personnes.

12. Qu'est-ce qu'un nombre abstrait ?

Un nombre abstrait est celui après lequel on n'énonce pas l'espèce des unités qu'il représente. Trente et un.

NUMÉRATION.

13. Y a-t-il un moyen pour former les nombres ?

Oui, il y a un moyen pour former les

nombres : ce moyen est nommé la numération.

14. Qu'est-ce que la numération?

La numération est l'art de former les nombres, de les exprimer et de les écrire.

15. Comment forme-t-on les nombres?

On forme les nombres en partant de l'unité,
qu'on ajoute à elle-même, puis au résultat
qu'on obtient ainsi, puis à ce nouveau résultat et cela indéfiniment, c'est-à-dire autant de fois qu'on le veut.

16. Par quoi représente-t-on les nombres?

On représente les nombres à l'aide des
chiffres, qui sont au nombre de 10, savoir:

1. 2. 3. 4. 5. 6. 7. 8. 9. 0.

17. Comment peut-on exprimer tous les
nombres à l'aide de ces chiffres?

On parvient à exprimer tous les nombres
à l'aide de ces dix chiffres en leur donnant à
chacun deux valeurs: une valeur absolue,
c'est-à-dire celle qu'il a quand on le considère seul, et une valeur relative, c'est-à-dire
celle qu'il a dans un nombre quand on le
compare aux autres chiffres de ce nombre.

18. Les chiffres ne prennent-ils pas de nou-

veaux noms quand ils ont une valeur relative ?

Oui, les chiffres prennent de nouveaux noms quand ils ont une valeur relative ; ce sont :

Unité pour celui qui est au 1er rang de droite.
Dizaine   2e   —
Centaine   3e   —
Mille   4e   —
Dizaine de mille   5e   —
Centaine de mille   6e   —
Million   7e   —
Etc.   etc.   —

19. Que résulte-t-il de cela ?

Il résulte de cela qu'il faut :

1 chiffre pour représenter les *Unités.*
2   —   —   *Dizaines.*
3   —   —   *Centaines.*
4   —   —   *Mille.*
5   —   —   *Dizaine de mille.*
6   —   —   *Centaine de mille.*
7   —   —   *Million.*
Etc.   —   —   etc

20. Outre les dix noms des chiffres et les noms des rangs, n'y a-t-il pas d'autres noms pour les chiffres ?

Oui, il y a encore d'autres noms pour les

chiffres. Ces noms sont pour ceux qui sont aux rangs des dizaines, ainsi :

1 placé au rang des dizaines s'appelle			*Dix.*
2	—	—	*Vingt.*
3	—	—	*Trente.*
4	—	—	*Quarante.*
5	—	—	*Cinquante.*
6	—	—	*Soixante.*
7	—	—	*Soixante-dix.*
8	—	—	*Quatre-vingt.*
9	—	—	*Quatre-vingt-dix.*

21. Comment lit-on les nombres?

Après avoir séparé le nombre en tranches de 3 chiffres en partant de la droite et avoir donné à la 1re tranche de droite le nom de tranche des unités, à la 2e le nom de tranche des mille, à la 3e le nom de tranche des millions, etc., on lit le nombre en commençant par la gauche et en donnant à chaque chiffre le nom que son rang relatif indique.

22. Quelle est la valeur que possède un chiffre considéré dans sa valeur relative?

Chaque chiffre considéré dans sa valeur relative a une valeur 10 fois plus grande que celui qui est à sa droite, et une valeur 10 fois plus petite que celui qui est à sa gauche.

23. Que résulte-t-il de cela ?

Il résulte de cela que si l'on place un chiffre à la droite de celui qui représente les unités, ce chiffre a une valeur dix fois moindre que l'unité, ou d'un dixième d'unité ; qu'un 2e chiffre placé à la droite de ce dernier est 10 fois moindre que lui, c'est-à-dire que le dixième d'unité et par suite est un centième d'unité ; qu'un 3e est 10 fois moins grand qu'un centième d'unité, ou est un millième d'unité, etc., etc.

24. Quels noms donne-t-on à ces nouveaux ordres de valeurs relatives ?

On donne à ces nouveaux ordres de valeurs relatives le nom de *décimales* ou de *chiffres décimaux* qui doivent être séparés des autres par une virgule.

25. N'y a-t-il pas de procédés pour rendre un nombre 10 fois, 100 fois, 1000 fois plus grand ?

Oui, on peut toujours rendre un nombre 10 fois, 100 fois, 1000 fois, etc., plus grand ; pour cela on n'a qu'à ajouter à sa droite un 0 pour 10 fois, deux 0 pour 100 fois, trois 0 pour 1000 fois, etc.

26. Peut-on aussi rendre un nombre 10 fois, 100 fois, 1000 fois plus petit ?

Oui, on peut aussi rendre un nombre 10 fois, 100 fois, 1000 fois plus petit ; pour cela on n'a qu'à séparer par une virgule en allant vers la gauche 1 chiffre pour 10, 2 pour 100, 3 pour 1000, etc.

27. Que résulte-t-il de tout ce qui précède sur la numération ?

Il résulte de tout ce qui précède que la numération a le nombre 10 pour base, ce qui l'a fait nommer la *numération décimale.*

28. Combien y a-t-il d'espèces de nombres par rapport à la numération ?

Il y a 2 espèces de nombres par rapport à la numération :

1° Les *nombres entiers*, ceux qui n'ont pas de chiffres décimaux ;

2° Les *nombres décimaux*, ceux qui sont composés de parties entières jointes à des parties décimales, ou seulement de parties décimales.

Exercices sur la numération des nombres entiers.

Ecrire en chiffres les nombres suivants.

1. Dix unités, quarante unités, soixante unités, quatre-vingts unités, quarante-quatre unités.

2. Trente-trois unités, cinquante-six unités, soixante-quinze unités.

3. Quatre-vingt-cinq unités, quatre-vingt-quinze unités.

4. Cent trois unités, cent dix unités, cent vingt et une unités.

5 Cent soixante-quinze unités, cent quatre unités, cent quatre-vingt-quinze unités.

6. Six cents unités, huit cents unités, sept cent trois unités, sept cent trente-trois unités.

7. Mille unités, deux mille unités, quatre mille quatre unités.

8. Six mille dix unités, six mille cent unités, six mille dix-sept unités, six mille cent trois unités, six mille cent dix-sept unités.

9. Dix mille unités, vingt mille unités, dix mille une unités, dix mille dix unités, dix mille cent unités.

10. Trente-sept mille onze unités, quarante-trois mille deux cent onze unités.

Exercices sur la numération des nombres décimaux.

Ecrire en chiffres les nombres suivants :
11. Trente-trois unités six dixièmes.
12. Trente-trois unités six centièmes.
13. Trente-trois unités six millièmes.

14. Quatre-vingt-deux unités treize millièmes.

16. Soixante-dix unités cent vingt-un millièmes.

17. Soixante-quinze unités cent trois millièmes.

18. Mille unités un millième.

19. Cent unités un centième.

20. Dix unités un dixième.

29. Qu'est-ce que le calcul ?

Le calcul est l'art de composer et de décomposer les nombres.

30. Comment le calcul nous apprend-il à composer et décomposer les nombres ?

Il nous apprend cela à l'aide de quatre opérations fondamentales.

31. De combien de manières peut-on composer et décomposer les nombres ?

On peut composer les nombres :

1° En les ajoutant ensemble, c'est l'*addition*.

2° En ajoutant un nombre à lui-même autant de fois qu'il y a d'unités dans un autre, c'est la *multiplication*.

On peut décomposer les nombres :

1° En retranchant un nombre d'un autre, c'est la *soustraction*.

2° En partageant un nombre en autant de parties égales qu'il y a d'unités dans un autre, c'est la *division*.

32. Pourquoi ces quatre opérations sont-elles appelées fondamentales ?

Ces quatre opérations sont appelées fondamentales parce que toutes les opérations d'arithmétique, même les plus compliquées, ne peuvent être effectuées sans leur secours.

ADDITION.

33. Qu'est-ce que l'addition ?

L'addition est une opération qui a pour but de réunir plusieurs nombres en un seul qu'on appelle somme ou total.

34. Peut-on additionner ensemble plusieurs nombres représentant des espèces d'unités différentes ?

Non, on ne peut additionner ensemble que des nombres représentant des unités de même nature, comme des pommes avec des pommes, des francs avec des francs.

35. Comment faut-il placer les nombres pour les additionner ?

Il faut placer les nombres de manière que toutes les unités soient les unes sous les autres, ainsi que les dizaines, les centaines, les mille, etc.

36. Que faut-il faire ensuite ?

Après cela on additionne ensemble toutes les unités, c'est-à-dire qu'on ajoute aux unités du 1er nombre les unités du 2e, puis au total qu'on obtient ainsi les unités du 3e, etc. On forme un total d'unités qui peut se composer d'unités et de dizaines d'unités. On écrit les unités de ce total à la suite des unités des nombres à additionner et l'on n'écrit pas les dizaines qu'on additionne avec les dizaines des nombres comme on a fait pour les unités ; on obtient un 2e total composé de dizaines d'unités et peut-être de centaines d'unités ; on écrit les dizaines sous les dizaines des nombres en n'écrivant pas les centaines que l'on ajoute aux centaines des nombres, et ainsi de suite jusqu'au dernier total qu'on écrit en entier.

TABLE DE L'ADDITION.

1 et 0 font 1	4 et 0 font 4	7 et 0 font 7
1 et 1 font 2	4 et 1 font 5	7 et 1 font 8
1 et 2 font 3	4 et 2 font 6	7 et 2 font 9
1 et 3 font 4	4 et 3 font 7	7 et 3 font 10
1 et 4 font 5	4 et 4 font 8	7 et 4 font 11
1 et 5 font 6	4 et 5 font 9	7 et 5 font 12
1 et 6 font 7	4 et 6 font 10	7 et 6 font 13
1 et 7 font 8	4 et 7 font 11	7 et 7 font 14
1 et 8 font 9	4 et 8 font 12	7 et 8 font 15
1 et 9 font 10	4 et 9 font 13	7 et 9 font 16
2 et 0 font 2	5 et 0 font 5	8 et 0 font 8
2 et 1 font 3	5 et 1 font 6	8 et 1 font 9
2 et 2 font 4	5 et 2 font 7	8 et 2 font 10
2 et 3 font 5	5 et 3 font 8	8 et 3 font 11
2 et 4 font 6	5 et 4 font 9	8 et 4 font 12
2 et 5 font 7	5 et 5 font 10	8 et 5 font 13
2 et 6 font 8	5 et 6 font 11	8 et 6 font 14
2 et 7 font 9	5 et 7 font 12	8 et 7 font 15
2 et 8 font 10	5 et 8 font 13	8 et 8 font 16
2 et 9 font 11	5 et 9 font 14	8 et 9 font 17
3 et 0 font 3	6 et 0 font 6	9 et 0 font 9
3 et 1 font 4	6 et 1 font 7	9 et 1 font 10
3 et 2 font 5	6 et 2 font 8	9 et 2 font 11
3 et 3 font 6	6 et 3 font 9	9 et 3 font 12
3 et 4 font 7	6 et 4 font 10	9 et 4 font 13
3 et 5 font 8	6 et 5 font 11	9 et 5 font 14
3 et 6 font 9	6 et 6 font 12	9 et 6 font 15
3 et 7 font 10	6 et 7 font 13	9 et 7 font 16
3 et 8 font 11	6 et 8 font 14	9 et 8 font 17
3 et 9 font 12	6 et 9 font 15	9 et 9 font 18

Exemple d'addition.

Soit à additionner les nombres 345, 654 et 367.

Pour cela il faut d'abord les placer les uns sous les autres, de manière que les unités soient sous les unités, les dizaines sous les dizaines et les centaines sous les centaines ; on a alors :

$$
\begin{array}{r}
345 \\
654 \\
367 \\
\hline
1366
\end{array}
$$

Quand les nombres sont placés, on trace une ligne horizontale sous le dernier et on commence à additionner les unités en disant : 5 et 4 font 9 et 7 font 16, en 16 unités il y a 6 unités simples et 1 dizaine d'unités ; j'écris donc les 6 unités sous les unités des nombres, et je retiens la dizaine que j'additionne avec les dizaines des nombres en disant : 1 de retenue et 4 font 5 et 5 font 10 et 6 font 16 dizaines ; en 16 dizaines il y a 6 dizaines que j'écris sous les dizaines des nombres et je retiens une centaine que j'ajoute aux centaines des nombres en disant : 1 de retenue et 3 font 4 et 6 font 10 et 3 font 13 centaines qui contiennent 3 centaines que j'écris et 1 mille que j'écris également, puisqu'il n'existe pas dans les nombres de mille avec qui on pourrait l'additionner. On obtient donc pour somme ou total des nombres proposés 1366.

37. Si les nombres proposés avaient des chiffres décimaux comment se ferait l'addition ?

Si les nombres avaient des chiffres décimaux on emploierait le même procédé, c'est-à-dire de placer les uns sous les autres les chiffres de même valeur relative, et on ferait l'addition comme il vient d'être dit, en commençant toujours par la droite.

38. Qu'entend-on par preuve d'une opération ?

On entend par preuve d'une opération une nouvelle opération que l'on fait pour s'assurer de l'exactitude de la première.

39. Comment fait-on la preuve de l'addition ?

On fait la preuve de l'addition en séparant en deux parties les nombres proposés ; on additionne séparément ces deux parties, puis on ajoute ensemble les 2 totaux qu'on a obtenus et l'on doit trouver un total en tout semblable à celui de l'addition. On peut aussi faire la preuve en la recommençant de bas en haut.

EXEMPLE :

Opération.	Preuve.	
248,23	248,23	159,34
42,26	42,26	97,75
159,34		
97,75	290,49	257,09
547,58		
	290,49	
	257,09	
	547,58	

Obtenant 547,58 des deux côtés, je con-
clus que la 1re addition a été bien faite.

Exercices sur l'addition.

21. 51+82+74+48+96+63+25+29+
17+.

22. 38+43+51+46+75+87+59+64+
37+49+23+56+48+17+99.

23. 36+77. 66+38. 46+59+67+99+
17+23+28+79+83+89+78+87+58.

Problèmes sur l'addition.

24. Deux ouvriers ont gagné, l'un 98 francs,
et l'autre 79 francs, combien faut-il d'argent
pour les payer ?

25. Quel âge un enfant de 12 ans aura-t-il
dans 49 ans ?

26. Combien y a-t-il en tout de pièces d'é-

toffe dans un magasin de nouveautés qui a 48 pièces de toile, 187 pièces de mérinos, 98 pièces de calicot, et 79 pièces de drap ?

27. Dans un parc il y a 1597 chênes, 2726 peupliers, 147 marronniers, 897 ormes, et 724 noisetiers ; combien y a-t-il d'arbres dans ce parc ?

28. Combien y a-t-il de personnes dans une maison de quatre étages, sachant qu'au 1er il y en a 24, au 2e 31, au 3e 27 et au 4e 48 ?

SOUSTRACTION.

40. Qu'est-ce que la soustraction ?

La soustraction est une opération qui a pour but de retrancher un nombre d'un autre plus grand.

41. Comment faut-il placer les nombres pour faire la soustraction ?

Pour faire la soustraction, il faut placer le plus petit nombre sous le plus grand, en ayant soin de mettre les unités, sous les unités, les dizaines sous les dizaines, etc., etc.

42. Que faut-il faire ensuite ?

Après avoir ainsi placé les nombres, on retranche le chiffre des unités du nombre inférieur du chiffre des unités du nombre supérieur. Si le chiffre inférieur est plus petit que celui qui est en haut, on fait la différence qu'on écrit dessous les chiffres des unités des nombres. Si le chiffre d'en bas est plus fort que celui d'en haut, on ajoute 10 à celui d'en haut, et en retranchant de ce total le nombre inférieur au-dessous duquel on écrit la différence. On retranche ensuite le chiffre des dizaines du nombre inférieur du chiffre des dizaines du nombre supérieur. Si en retranchant les unités on n'a pas ajouté 10 aux unités d'en haut, on fait simplement la soustraction des dizaines.

Si on a ajouté 10 aux unités d'en haut, on augmente le chiffre des dizaines d'en bas d'une dizaine, après quoi seulement on fait la soustraction. Si les dizaines d'en bas étaient plus fortes que celles d'en haut, on ajouterait 10 à ces dernières, et on continuerait comme il vient d'être dit.

Exemple de soustraction.

Soit 345 à retrancher de 567. Pour retrancher 345 de 567 on écrit 345 sous 567 comme pour l'addition.

$$
\begin{array}{r}
567 \\
345 \\
\hline
222
\end{array}
$$

On trace une ligne horizontale sous le dernier, et on commence par les unités en disant: 5 unités ôtées de 7 unités, reste 2 unités qu'on écrit sous le 5 ; 4 dizaines ôtées de 6 dizaines, reste 2 dizaines qu'on écrit aussi sous les dizaines ; 3 centaines ôtées de 5 centaines, reste 2 centaines qu'on écrit sous les centaines.

Autre exemple de soustraction.

Soit 367 à retrancher de 545.

Pour retrancher 367 de 545 on écrit le plus petit sous le plus grand.

$$\begin{array}{r} 545 \\ 367 \\ \hline 178 \end{array}$$

On trace aussi une ligne horizonale sous le plus petit et on commence par les unités en disant, 7 unités ôtées de 5 unités, cela est impossible ; on ajoute alors aux 5 unités supérieures 10 unités qui valent une dizaine, ce qui fait 15 unités desquelles on peut retrancher 7, ce qui donne 8 pour reste qu'on écrit sous les unités. En ajoutant 10 à 7 on a augmenté le nombre supérieur d'une dizaine, il faut maintenant la lui ôter ; pour cela on l'ajoute aux dizaines inférieures et on dit : 6 et 1 font 7 dizaines, ôtées de 4 dizaines, cela impossible ; on ajoute 10 à 4, ce qui fait 14 dizaines desquelles on retranche 7 dizaines, ce qui donne 7 dizaines qu'on écrit au-dessous des dizaines de nombres. En ajoutant 10 dizaines à 4 on a augmenté le nombre supérieur de 10 dizaines ou d'une centaine, il faut la lui ôter maintenant ; pour cela on l'ajoute aux 3 centaines à ôter, ce qui fait 4 centaines ôtées de 5 centaines donnent 1 pour reste qu'on écrit au-dessous.

43. Comment fait-on la preuve de la soustraction ?

On fait la preuve de la soustraction par l'addition, en ajoutant ensemble le nombre inférieur avec le reste ; on doit retrouver le nombre supérieur si la soustraction a été bien faite.

EXEMPLES :

Opération.	Preuve.	Opération.	Preuve.
567	345	545	367
345	222	367	178
222	567	178	545

Obtenant dans ces deux exemples les deux nombres supérieurs, on en conclut que les soustractions ont été bien faites.

TABLE DE SOUSTRACTION.

1 ôté de 1 reste 0	4 ôté de 4 reste 0	7 ôté de 7 reste 0
1 ôté de 2 reste 1	4 ôté de 5 reste 1	7 ôté de 8 reste 1
1 ôté de 3 reste 2	4 ôté de 6 reste 2	7 ôté de 9 reste 2
1 ôté de 4 reste 3	4 ôté de 7 reste 3	7 ôté de 10 reste 3
1 ôté de 5 reste 4	4 ôté de 8 reste 4	7 ôté de 11 reste 4
1 ôté de 6 reste 5	4 ôté de 9 reste 5	7 ôté de 12 reste 5
1 ôté de 7 reste 6	4 ôté de 10 reste 6	7 ôté de 13 reste 6
1 ôté de 8 reste 7	4 ôté de 11 reste 7	7 ôté de 14 reste 7
1 ôté de 9 reste 8	4 ôté de 12 reste 8	7 ôté de 15 reste 8
1 ôté de 10 reste 9	4 ôté de 13 reste 9	7 ôté de 16 reste 9

2 ôté de 2 reste 0	5 ôté de 5 reste 0	8 ôté de 8 reste 0
2 ôté de 3 reste 1	5 ôté de 6 reste 1	8 ôté de 9 reste 1
2 ôté de 4 reste 2	5 ôté de 7 reste 2	8 ôté de 10 reste 2
2 ôté de 5 reste 3	5 ôté de 8 reste 3	8 ôté de 11 reste 3
2 ôté de 6 reste 4	5 ôté de 7 reste 4	8 ôté de 12 reste 4
2 ôté de 7 reste 5	5 ôté de 10 reste 5	8 ôté de 13 reste 5
2 ôté de 8 reste 6	5 ôté de 11 reste 6	8 ôté de 14 reste 6
2 ôté de 9 reste 7	5 ôté de 12 reste 7	8 ôté de 15 reste 7
2 ôté de 10 reste 8	5 ôté de 13 reste 8	8 ôté de 16 reste 8
2 ôté de 11 reste 9	5 ôté de 14 reste 9	8 ôté de 17 reste 9

3 ôté de 3 reste 0	6 ôté de 6 reste 0	9 ôté de 9 reste 0
3 ôté de 4 reste 1	6 ôté de 7 reste 1	9 ôté de 10 reste 1
3 ôté de 5 reste 2	6 ôté de 8 reste 2	9 ôté de 11 reste 2
3 ôté de 6 reste 3	6 ôté de 9 reste 3	9 ôté de 12 reste 3
3 ôté de 7 reste 4	6 ôté de 10 reste 4	9 ôté de 13 reste 4
3 ôté de 8 reste 5	6 ôté de 11 reste 5	9 ôté de 14 reste 5
3 ôté de 9 reste 6	6 ôté de 12 reste 6	9 ôté de 15 reste 6
3 ôté de 10 reste 7	6 ôté de 13 reste 7	9 ôté de 16 reste 7
3 ôté de 11 reste 8	6 ôté de 14 reste 8	9 ôté de 17 reste 8
3 ôté de 12 reste 9	6 ôté de 15 reste 9	9 ôté de 18 reste 9

Exercices et problèmes sur la soustraction.

29. Retrancher 3467 de 7898.

30. Trouver la différence qui existe entre 2683 et 7897.

31. Quel est l'excédant de 12647 sur 9894 ?

32. Quelle est la différence qui existe entre l'âge d'un père de 69 et l'âge du fils de 24 ?

33. Combien faut-il ajouter à 4847 pour atteindre 12000 ?

34. Quel est le nombre à ajouter à 645 pour qu'il devienne 6000 ?

35. Un marchand de vins en gros a dans sa cave 8746 pièces de vin et 643 d'eau-de-vie. Son voisin a 9432 pièces de vin et d'eau-de-vie. Quel est celui qui a le plus de vin ou d'eau-de-vie, et combien en a-t-il de pièce en plus ?

36. Combien un atelier dans lequel on fait 4727 rames de papier par jour fait-il de rames de plus qu'un autre où on n'en fabrique que 2846 ?

MULTIPLICATION.

44. Qu'est-ce que la multiplication ?

La multiplication est une opération qui a

pour but de répéter un nombre autant de fois qu'il y a d'unités dans un autre nombre.

45. Quel nom donne-t-on au nombre qu'on veut répéter ?

Le nombre qu'on veut répéter se nomme *multiplicande*.

46. Quel nom donne-t-on à l'autre nombre ?

On le nomme *multiplicateur*.

47. Quel nom donne-t-on au nombre qu'on obtient ?

Le nombre qu'on obtient en répétant le multiplicande autant de fois qu'il y a d'unités dans le multiplicateur, se nomme le *produit* de la multiplication.

48. Quel nom général donne-t-on au multiplicande et au multiplicateur ?

On leur donne le nom général de *facteurs* de la multiplication.

49. Que faut-il savoir pour faire la multiplication ?

Pour faire la multiplication, il faut savoir la table de multiplication.

TABLE DE MULTIPLICATION.

2 fois	2 font	4	4 fois	4 font 16	6 fois	8 font	48		
2 fois	3 font	6	4 fois	5 font 20	6 fois	9 font	54		
2 fois	4 font	8	4 fois	6 font 24	6 fois	10 font	60		
2 fois	5 font	10	4 fois	7 font 28					
2 fois	6 font	12	4 fois	8 font 32	7 fois	7 font	49		
2 fois	7 font	14	4 fois	9 font 36	7 fois	8 font	56		
2 fois	8 font	16	4 fois	10 font 40	7 fois	9 font	63		
2 fois	9 font	18			7 fois	10 font	70		
2 fois	10 font	20	5 fois	5 font 25					
3 fois	3 font	9	5 fois	6 font 30	8 fois	8 font	64		
3 fois	4 font	12	5 fois	7 font 35	8 fois	9 font	72		
3 fois	5 font	15	5 fois	8 font 40	8 fois	10 font	80		
3 fois	6 font	18	5 fois	9 font 45					
3 fois	7 font	21	5 fois	10 font 50	9 fois	9 font	81		
3 fois	8 font	24			9 fois	10 font	90		
3 fois	9 font	27	6 fois	6 font 36					
3 fois	10 font	30	6 fois	7 font 42	10 fois	10 font	100		

50. Comment distingue-t-on le multiplicateur du multiplicande?

C'est que le multiplicande est de même nature que le produit qu'on cherche; ainsi, si le mètre de velours coûte 15 fr. combien coûteront 5 mètres du même velours? Comme c'est le prix qu'on cherche, 15 fr. sera le multiplicande et 5 mètres le multiplicateur.

51. Comment fait-on la multiplication?

Pour faire la multiplication on écrit d'abord le chiffre du multiplicateur sous les unités du multiplicande et l'on trace sous le multiplicateur un trait horizontal, puis on multiplie séparément, en commençant par la droite, chacun des chiffres du multiplicande par le chiffre du multiplicateur et on écrit le produit de chaque multiplication sous le chiffre du multiplicande qui a servi à l'obtenir ; si ce produit se compose d'unités et de dizaines, on écrit seulement à cette place, le chiffre des unités en retenant celui des dizaines qu'on ajoute au produit provenant de la multiplication du nombre suivant.

Exemple :

Soit à multiplier 345 par 4.

Pour multiplier 345 par 4 on écrit 4 sous le chiffre 5 des unités du multiplicande et l'on trace une ligne horizontale ; on a alors :

$$
\begin{array}{r}
345 \\
4 \\
\hline
1380
\end{array}
$$

On multiplie ensuite le 1ᵉʳ chiffre de droite du multiplicande 5 par le multiplicateur 4, on dit 5 multiplié par 4 égale 20, on écrit le 0 des unités sous les unités du multiplicande et on retient les 2 dizaines pour les ajouter au produit des dizaines du multiplicande par les unités du multiplicateur : on a alors 4 multiplié par 4, en opérant comme ci-dessus donnent 16 qui ajoutés à 2

2.

retenus du 1er produit font 18 ; on écrit 8 sous le 2e chiffre du multiplicande et on retient 1. On multiplie le 3e chiffre du multiplicande par le multiplicateur 4, on a 12 qui ajoutés à 1 de retenu du 2e produit donnent 13; on écrit 3 sous le 3e chiffre du multiplicande, et comme il n'y a plus de chiffre à multiplier, au lieu de retenir le 1, on l'écrit à la gauche du 3 déjà posé.

On a donc pour produit de la multiplication de 345 par 4, le nombre 1380.

52. Comment peut-on faire pour prouver que, dans ce cas, le nombre qu'on obtient est bien le vrai nombre cherché ?

Pour s'assurer si le produit est bien le vrai nombre cherché ; on n'a qu'à écrire le multiplicande sous lui-même autant de fois qu'il y a d'unités dans le multiplicateur, puis on additionne tous ces nombres ensemble, et le total doit être le même que le produit qu'on a trouvé; ainsi en faisant cela pour la multiplication ci-dessus on a :

$$
\begin{array}{r}
345 \\
345 \\
345 \\
345 \\
\hline
1380
\end{array}
$$

Ce qui prouve que la multiplication a été bien faite.

53. Comment fait - on la multiplication lorsque le multiplicande et le multiplicateur ont chacun plusieurs chiffres ?

Pour faire la multiplication quand les deux facteurs ont chacun plusieurs chiffres, on écrit le multiplicateur sous le multiplicande de manière que les unités de même espèce se correspondent dans une même ligne verticale. On tire un trait horizontal sous le multiplicateur, puis on multiplie le multiplicande par le 1er chiffre de droite du multiplicateur comme on l'a fait ci-dessus, et on écrit de même le produit sous la ligne horizontale. On multiplie ensuite le multiplicande par le 2e chiffre de droite du multiplicateur comme on l'a fait ci-dessus, et on écrit le produit sous celui déjà indiqué, en ayant soin de mettre le premier chiffe de droite de ce deuxième produit sous le deuxième chiffre de droite du premier produit marqué. On multiplie ensuite le multiplicande par le 3e chiffre du multiplicateur comme on l'a fait ci-dessus et on écrit ce troisième produit sous le deuxième produit marqué, en ayant soin de mettre le premier chiffre de droite de ce troisième produit sous le deuxième chiffre de droite du deuxième produit. On continue ainsi à multiplier le multiplicande par chacun des chiffres du multiplicateur et on écrit chacun des produits qu'on obtient ainsi sous celui qu'on a obtenu en multipliant par le chiffre précédent, en ayant soin de mettre toujours le premier chiffre de droite de chaque produit sous le deuxième chiffre de droite du produit précédent.

Quand on a multiplié le multiplicande par chacun des chiffres du multiplicateur, et écrit chacun des produits comme il vient d'être dit, on trace une ligne horizontale sous le dernier produit et 'on additionne ensemble tous les produits contenus entre les deux lignes horizontales. Le total de cette addition est le produit de la multiplication du multiplicande par le multiplicateur.

Exemple :

Soit à multiplier 345 par 234.

Pour multiplier 345 par 234 on écrit 234 sous 345 et on tire une ligne horizontale; on a alors :

$$345$$
$$234$$
$$\overline{1380}$$
$$1035$$
$$690$$
$$\overline{80730}$$

On multiplie ensuite 345 par 4 comme
on a fait dans la multiplication dont le multiplicateur n'a qu'un chiffre, et on obtient
1380 qu'on écrit sous la ligne horizontale ;
on multiplie de la même manière 345 par
le deuxième chiffre du multiplicateur et on
obtient par le même procédé 1035 qu'on
écrit sous 1380, en ayant soin de mettre le
1er chiffre du 2e produit, 5, sous le 2e chiffre
du 1er produit qui est 8. On multiplie ensuite
345 par 2 et on obtient 690 qu'on écrit sous
1035, en mettant le 0 de 690 sous le 2e de
1035. On tire alors une nouvelle ligne horizontale, on additionne les nombres compris
entre les 2 lignes, et l'on obtient 80730 pour
produit de la multiplication de 345 par
234.

54. Quand on multiplie un nombre par 0
peut-on obtenir un produit ?

Non ; quand on multiplie un nombre par
0 on ne peut obtenir de produit, car 0 étant

le signe de la nullité, c'est-à-dire n'ayant aucune valeur, multiplier un nombre par 0, c'est indiquer qu'on ne le multiplie par rien.

55. Comment faut-il donc faire quand il y a des zéros dans le multiplicateur?

Quand il y a des zéros au multiplicateur, on a soin de placer un zéro au produit avant de multiplier le chiffre qui le suit.

Exemple ·

Soit à multiplier 345 par 204.

$$
\begin{array}{r}
345 \\
204 \\
\hline
1380 \\
690 \\
\hline
37080
\end{array}
$$

On multiplie 345 par 4, on écrit le produit 1380, puis on multiplie par 2 et on écrit le produit 690, en ayant soin de mettre le 0 de 690 sous le 3ᵉ chiffre de droite de 1380.

56. Comment faut-il faire quand il y a des zéros au multiplicande?

Quand il y a des zéros au multiplicande, on les écrit dans chaque produit à la place du chiffre qu'on obtiendrait en multipliant le chiffre dont le zéro tient lieu par le chiffre du multiplicateur. Si en multipliant le chiffre qui précède le zéro par le chiffre du multiplicateur on a une retenue, on écrit au produit cette retenue à la place du zéro.

57. Comment fait-on la multiplication lorsque les facteurs ont des chiffres décimaux ?

Lorsque les facteurs de la multiplication ont des chiffres décimaux, on fait la multiplication comme s'il n'y en avait pas ; seulement au produit on retranche par une virgule, en partant de la droite, autant de chiffres qu'il y a de chiffres décimaux dans les deux facteurs.

Exemple :

Soit de trouver le produit de 6,24 par 5,33.

$$\begin{array}{r} 6,24 \\ 5,33 \\ \hline 1872 \\ 1872 \\ 3120 \\ \hline 33,2592 \end{array}$$

La multiplication étant faite, je sépare quatre chiffres décimaux à la droite du produit, parce qu'il y en a deux dans chaque facteur, et j'annonce 33 unités, 25 centièmes, 92 dix millièmes.

58. Comment fait-on la preuve de la multiplication?

On fait la preuve de la multiplication en multipliant le multiplicateur par le multiplicande, et si l'opération est bien faite on doit retrouver le même produit. On peut ainsi faire la preuve de la multiplication en prenant le double du multiplicande et la moitié du multiplicateur.

On peut également faire la preuve de la multiplication par la division.

Exercices et problèmes sur la multiplication.

37. Multiplier 46 par 54.

38. Chercher le produit de 97 par 67.

39 Quel nombre obtient-on en multipliant 643 par 47,4 ?

40. Chercher le produit de 6744 par 487,46.

41. Combien y a-t-il de pommes dans 47 paniers qui en contiennent chacun 12 douzaines ?

42. Combien y a-t-il de soldats dans un régiment composé de 4 bataillons chacun de 22 compagnies, chacune de 96 hommes ?

43. Combien devra-t-on payer pour l'achat de 13 douzaines de chapeaux à 15 fr. pièce ?

DIVISION.

59. Qu'est-ce que la division ?

La division est une opération qui a pour but de chercher combien de fois un nombre appelé *diviseur* est contenu dans un autre appelé *dividende.*

60. Quel nom donne-t-on au résultat de cette opération ?

Le résultat de cette opération se nomme *quotient.*

61. Comment faut-il placer les nombres pour faire la division ?

Pour faire la division il faut mettre le dividende à la gauche du diviseur sur une même ligne horizontale, les séparer l'un de l'autre par un trait vertical et tracer une barre sous le diviseur : c'est sous cette barre qu'on écrit le quotient.

62. Combien peut-on avoir d'espèces de divisions à faire ?

On peut avoir à faire deux sortes principales de divisions :

1° Quand le dividende a plusieurs chiffres et le diviseur un seul;

2° Quand le dividende et le diviseur ont chacun plusieurs chiffres.

63. Comment fait-on la division quand le dividende a plusieurs chiffres et le diviseur un seul ?

Pour faire la division quand le dividende à plusieurs chiffres et le diviseur un seul, on se sert de la table de multiplication en employant le procédé suivant :

Si l'on a à diviser 1001 par 7 on écrit les nombres comme il a été dit plus haut, et on prend à la gauche du dividende les chiffres nécessaires pour contenir le diviseur,

$$
\begin{array}{r|l}
10.01 & 7 \\
\underline{7} & \overline{143} \\
30 & \\
28 & \\
\underline{} & \\
21 & \\
21 & \\
\underline{} & \\
00 &
\end{array}
$$

et on sépare ces chiffres par un point. On cherche dans la table de multiplication, dans la 1re colonne horizontale, le chiffre du diviseur et on descend verticalement cette colonne jusqu'à ce qu'on rencontre un nombre qui approche beaucoup du nombre fourni par les chiffres qu'on a séparés par un point. On trouve que 7 le chiffre déjà pris pour le diviseur et 14 le nombre suivants sont ceux qui se rapprochent le plus de 7 ; on prend alors le nombre inférieur 7 et l'on suit cette colonne horizontale jusqu'à son commencement où l'on trouve 1 qu'on met au quotient et l'on dit : une fois 7 fait 7, qu'on retranche de 10, ce qui donne 3, à côté duquel 3 on abaisse le premier chiffre situé à la droite du point; on a alors 30, avec lequel on fait la même opération à ajouter, c'est-à-dire qu'on descend verticalement dans la colonne qui a 7 en tête jusqu'à ce qu'on rencontre un nombre qui se rapproche de 30. On trouve 28 et 35 entre lesquels 30 est contenu. On prend 28, on suit horizontalement, vers la gauche, la colonne qui contient ce 28 et on trouve au commencement 4 qu'on écrit au quotient; on dit alors : quatre fois 7 font 28 qui retranchés de 30 donnent 2, à côté duquel 2 on abaisse le 1 du dividende.

On obtient ainsi 21 qu'on cherche aussi en descendant verticalement dans la colonne de 7; on trouve 21. En suivant horizontalement la colonne qui contient ce 21, on voit 3 au commencement.

On écrit 3 au quotient et on dit 3 fois 7

font 21 qui retranchés de 21 donnent 0 pour reste.

64. Comment fait-on la division lorsque le dividende et le diviseur ont plusieurs chiffres ?

Pour diviser deux nombres quelconques l'un par l'autre, on les dispose d'abord comme il a été dit, puis on sépare sur la gauche du dividende autant de chiffres qu'il en faut pour contenir le diviseur une fois au moins et moins de dix fois. On obtient ainsi un premier dividende et on cherche combien de fois il contient le diviseur, on écrit le chiffre trouvé au quotient, puis on multiplie le diviseur par ce chiffre et on retranche le produit qu'on obtient ainsi du premier dividende partiel. On obtient un reste à la droite duquel on abaisse le chiffre suivant du dividende, ce qui forme un nouveau dividende partiel. On cherche combien ce nouveau dividende contient de fois le diviseur, on écrit le chiffre trouvé à la droite de celui déjà écrit au quotient, on multiplie le diviseur par ce nouveau chiffre et on retranche le produit obtenu du dividende partiel, on a un reste à la droite duquel on abaisse le chiffre suivant du divi-dende, ce qui forme un nouveau dividende partiel sur lequel on opère comme il a été dit pour les 2 autres, et on répète ces opérations jusqu'à ce qu'on ait épuisé tous les chiffres du dividende.

Exemple :

Soit à diviser 48544 par 453.

$$\begin{array}{r|l} 48544 & 453 \\ 3244 & \overline{107} \\ 073 & \end{array}$$

Après avoir placé les nombres comme il a été dit, on sépare par un point à la gauche du dividende autant de chiffres qu'il en faut pour contenir le diviseur une fois au moins et moins de dix fois, puis on cherche combien 485 contiennent de fois 453, on trouve 1 fois qu'on écrit au quotient ; une fois 453 fait 453 qui retranchés de 485 donnent 32 pour reste à la droite desquels on écrit le 4 du dividende, on cherche combien de fois 324 contiennent 453, on voit que ce dernier n'y est pas contenu entièrement, on met donc un 0 au quotient et on abaisse à la droite de 324 l'autre 4 du dividende, on cherche combien 3244 contiennent de fois 453, on trouve 7 fois qu'on écrit au quotient. On multiplie le diviseur 454 par 7, on retranche le produit de 3244 et on écrit 73 pour reste.

65. Comment fait-on la division lorsque les nombres contiennent des chiffres décimaux.

Lorsque les facteurs de la division contiendront des chiffres décimaux, on regarde s'ils en contiennent chacun le même nombre; si un des deux en a moins que l'autre, on lui ajoute des zéros jusqu'à ce que ses chiffres décimaux et les zéros ajoutés soient en même nombre que les chiffres décimaux de l'autre facteur. On supprime alors les virgules et on fait la division comme à l'ordinaire.

Ainsi, si l'on avait 32323.49 à diviser par 432.4324, on ajouterait deux zéros au dividende, ce qui donnerait 32423,4300, puis on supprimerait les virgules et on n'aurait plus qu'à diviser 324234300 par 4321324 comme on l'a fait ci-dessus.

66. Comment fait-on la preuve de la division ?

La preuve de la division se fait par la multiplication. En multipliant le diviseur par le quotient, le produit de cette multiplication doit donner le dividende lorsque la division n'a pas de reste ; lorsqu'il y a un reste on ne retrouve le dividende qu'en ajoutant le reste au produit de la multiplication du diviseur par le quotient.

PREUVES DES DIVISIONS CI-DESSUS.

Première division.	*Deuxième division*
sans reste.	*avec reste.*
143	453
7	107
———	———
1.001	3171
	4530
	———
	48471
	73
	———
	48544

67. La division ne sert-elle pas pour faire la preuve de la multiplication ?

Oui, la division sert à faire la preuve de la multplication ; en divisant le produit par l'un des facteurs on doit trouver l'autre facteur.

Exercices et problèmes sur la division.

44. Diviser 484 par 11.

45. Diviser 6499 par 97.

46. Diviser 302592 par 64.

47. Quel est le quotient de 3830592 par 568 ?

48. Diviser 72909,7551 par 57.

49. Diviser 300039.53161 par 63,87.

50. 40 moutons coûtent 720 fr., combien coûte un mouton ?

51. 5376 francs ont été payés pour l'achat de 448 chapeaux, combien coûte un chapeau ?

FRACTIONS.

68. Tous les nombres représentent-ils toujours des unités entières ?

Non, tous les nombres ne représentent pas des unités entières, puisqu'on a vu des nombres qui contiennent des parties décimales.

69. Les unités sont-elles susceptibles de se diviser seulement en 10 parties, 100 parties, etc.?

Non, les unités ne sont pas seulement susceptibles de se diviser en 10 parties, 100 parties égales, etc., on peut toujours les diviser en autant de parties égales qu'on veut. Ainsi, une pomme peut se partager en deux, trois, cinq, huit, quinze, vingt-cinq, quatre-vingt-quatre, etc., parties égales.

70. Quel nom donne-t-on à ces nouvelles parties d'unités ?

Ces nouvelles parties d'unités se nomment *fractions ordinaires* par opposition aux parties décimales qu'on appelle aussi *fractions décimales*.

71. Qu'est-ce donc qu'une fraction ?

Une fraction est une ou plusieurs parties

de l'unité divisée en un nombre quelconque de parties égales.

72. Comment représente-t-on les fractions ?

On représente les fractions par deux nombres placés l'un au-dessous de l'autre et séparés par un trait horizontal.

73. Comment appelle-t-on les deux nombres qui représentent une fraction ?

Le nombre supérieur s'appelle *numérateur;* le nombre inférieur s'appelle *dénominateur*, et ces nombres en général s'appellent *termes* de la fraction.

74. Que représente le dénominateur ?

Le dénominateur indique en combien de parties égales l'unité a été partagée.

75. Qu'indique le numérateur ?

Le numérateur indique combien on a pris des parties égales qu'indique le dénominateur.

76. Quelle est la valeur d'une fraction ?

La valeur d'une fraction est égale au rapport qui existe entre son numérateur et son dénominateur. Ainsi plus le numérateur d'une fraction est grand et plus son dénominateur est petit, plus la fraction est grande, parce que cette fraction indique qu'on prend beaucoup de parties d'unités qui sont presque l'unité, tandis que plus le numérateur est petit et le dénominateur grand, plus la fraction est petite, parce que cette fraction indique qu'on ne prend que quelques parties de l'unité qui a été divisée en beaucoup de parties égales, parties qui sont évidemment petites.

Ainsi $\frac{30}{2}$ est plus grand que $\frac{30}{3}$ ou que $\frac{30}{4}$ ou que $\frac{30}{5}$, parce que ces fractions indiquent qu'on prend bien, il est vrai, toujours 30 parties ; mais que ces parties deviennent de plus en plus petites, car une moitié de pomme est plus grande que le tiers, que le quart ou que le cinquième de cette pomme ; de même $\frac{2}{30}$ est plus petit que $\frac{3}{30}$, que $\frac{4}{30}$, que $\frac{30}{2}$, que $\frac{30}{3}$, etc., parce que les premières fractions indiquent qu'on ne prend que quelques parties d'une unité partagée en beaucoup de fractions égales, parties qui sont évidemment petites.

77. Comment lit-on une fraction ?

On lit une fraction en énonçant d'abord le numérateur, puis le dénominateur, en ajoutant après lui la terminaison *ième* lorsque ce dénominateur est 5 ou supérieur à 5, les dénominateurs deux, trois et quatre se lisent *demi, tiers,* et *quart.*

78. Que résulte-t-il de ce qui précède ?

De ce qui précède, il résulte qu'il peut y avoir une infinité de fractions avec des dénominateurs différents.

79. Quand est-ce que deux fractions sont dissemblables?

Deux fractions sont dissemblables ou d'espèces différentes lorsque leurs dénominateurs ne sont pas pareils, parce qu'en effet ces dénominateurs indiquent des parties différentes de l'unité.

80. De même qu'on fait subir aux parties décimales toutes les transformations dont les nombres entiers sont susceptibles, peut-on faire subir aux fractions ordinaires ces mêmes transformations ?

Oui, on peut faire subir aux fractions ordinaires des transformations analogues à celles qu'on fait subir aux fractions décimales.

Aussi on peut réduire : 1° des entiers ou des entiers et des fractions en une seule fraction ;

2° Des fractions en entiers lorsqu'elles en contiennent.

3° Des fractions à leur plus simple expression ;

4° Plusieurs fractions au même dénominateur ;

5º Additionner plusieurs fractions ensemble ;

6º Soustraire des fractions l'une de l'autre ;

7º Multiplier plusieurs fractions ensemble ;

8º Diviser une fraction par une autre ;

9º On peut transformer les fractions ordinaires en fractions décimales et les fractions décimales en fractions ordinaires.

Réductions des fractions.

81. Qu'est-ce que réduire une fraction ?

Réduire une fraction, c'est lui faire subir divers changements, qui, tout en lui donnant d'autres nombres pour termes, ne la font pas pour cela changer de valeur.

82. Que faut-il faire pour réduire des entiers en fractions ?

Pour réduire des entiers en fractions, il faut multiplier ces entiers par le dénominateur qu'on veut avoir ; le produit qu'on obtient est le numérateur.

Ainsi, pour réduire 7 entiers en sixièmes, on multiplie 7 par 6, ce qui donne 42, auxquels on donne évidemment 6 pour dénominateur, ce qui fait $\frac{42}{6}$. Si l'on avait une fraction jointe aux entiers, on multiplierait les entiers par le dénominateur de la fraction. On ajouterait au produit le numérateur de cette fraction et on donnerait au total son dénominateur.

Ainsi 7 entiers $\frac{5}{6}$ se réduiraient en multipliant 7 par 6, ce qui donne 42, auxquels on ajouterait 5, ce qui ferait 47, qui auraient pour dénominateur 6 ou $\frac{47}{6}$.

83. Que faut-il faire pour réduire une fraction en entiers ?

Pour réduire une fraction en entiers lorsqu'elle en contient, il faut diviser son numérateur par son dénominateur; le quotient de la division représente les entiers. Le reste, s'il y en a un, sera le numérateur d'une nouvelle fraction qui aura pour dénominateur celui de la fraction primitive et qui devra être jointe aux entiers obtenus.

Ainsi, pour réduire $\frac{47}{6}$ en entiers, on divise 47 par **6**, ce qui donne 7 entiers plus $\frac{5}{6}$.

84. Que faut-il faire pour réduire une fraction à sa plus simple expression ?

Pour réduire une fraction à sa plus simple expression, il faut diviser ses deux termes par leur plus grand commun diviseur.

85. Qu'est-ce que le plus grand commun diviseur ?

On appelle plus grand commun diviseur de deux nombres le plus grand nombre qui peut les diviser tous les deux sans reste.

86. Que faut-il faire pour trouver le plus grand commun diviseur des termes d'une fraction ?

Pour trouver le plus grand commun diviseur des deux termes d'une fraction, il faut diviser le dénominateur par le numérateur; si la division se fait sans reste, le numérateur est le plus grand commun diviseur; s'il y a un reste on divise le numérateur par ce reste; s'il y a un nouveau reste, on divise le premier reste par le deuxième, puis le deuxième reste par le troisième, et cela jusqu'à ce qu'on trouve une division qui ait 0 pour reste. Le dernier diviseur employé est le plus grand commun diviseur; si l'on trouve 1 pour dernier diviseur, la fraction est irréductible.

87. Que faut-il faire pour reduire deux fractions au même dénominateur ?

Pour réduire 2 fractions au même dénominateur, il faut multiplier les termes de la première par le dénominateur de la deuxième et les termes de la deuxième par le dénominateur de la première.

Ainsi pour réduire $\frac{4}{5}$ et $\frac{5}{6}$ au même dénominateur on multiplie 4 et 5 par 6 ; on a $\frac{24}{30}$ fraction égale à $\frac{4}{5}$ parce que 24 indique qu'on prend 6 fois plus de parties de l'unité, mais que d'un autre côté ces parties sont devenues 6 fois plus petites, puisque 5 est devenu 30. On multiplie de même $\frac{5}{6}$ par 5, et on a $\frac{25}{30}$. Les deux fractions sont donc devenues $\frac{24}{30}$ et $\frac{25}{30}$, c'est-à-dire réduites au même dénominateur ou rendues de même espèce.

88. Que faut-il faire pour réduire plusieurs fractions au même dénominateur ?

Pour réduire plusieurs fractions au même dénominateur, il faut multiplier les termes de chaque fraction par les dénominateurs de toutes les autres.

Ainsi, pour réduire $\frac{3}{4}$, $\frac{4}{5}$, $\frac{5}{6}$, $\frac{6}{7}$, au même dénominateur, il faut multiplier $\frac{3}{4}$ par 5, 6 et 7, ce qui donne $\frac{630}{840}$.

Multiplier $\frac{4}{5}$ par 4, 6 et 7, ce qui donne $\frac{672}{840}$.

Multiplier $\frac{5}{6}$ par 4, 5 et 7, ce qui donne $\frac{700}{840}$.

Multiplier $\frac{6}{7}$ par 4, 5 et 6, ce qui donne $\frac{720}{840}$.

Opérations sur les fractions.

89. Comment additionne-t-on plusieurs fractions ensemble ?

Pour additionner plusieurs fractions ensemble, il faut d'abord les réduire au même dénominateur, si elles n'y sont pas déjà réduites, puis additionner ensemble tous les numérateurs et donner au total pour dénominateur le dénominateur commun aux fractions additionnées.

Ainsi, pour additionner, ensemble $\frac{2}{5}$, $\frac{3}{5}$ et $\frac{4}{5}$, on additionne 2, 3 et 5, ce qui donne 9, auquel on donne pour dénominateur 5, ce qui fait $\frac{9}{5}$.

90. Comment retranche-t-on une fraction d'une autre fraction ?

Pour retrancher une fraction d'une autre fraction, il faut les réduire toutes deux au même dénominateur, si elles n'y sont pas réduites, puis retrancher le plus petit numérateur du plus grand et donner pour dénominateur au reste le dénominateur commun.

Ainsi, pour retrancher $\frac{2}{3}$ de $\frac{4}{5}$, on réduit ces fractions au même dénominateur, ce qui donne $\frac{10}{15}$ et $\frac{12}{15}$, puis on ratranche 10 de 12, on a 2 pour reste auquel on donne 15 pour dénominateur, ce qui fait $\frac{2}{15}$

91. Comment multiplie-t-on deux fractions ensemble ?

Pour multiplier deux fractions ensemble, il faut multiplier les numérateurs l'un par l'autre, ce qui donne le numérateur de la fraction produit, puis les dénominateurs l'un par l'autre, ec qui donne le dénominateur de la même fraction.

Ainsi, pour multiplier $\frac{2}{3}$ par $\frac{4}{5}$ on multiplie 2 par 4, ce qui fait 8, et 3 par 5, ce qui fait 15, et on a $\frac{8}{15}$ pour fraction.

92. Comment multiplie-t-on ensemble plusieurs fractions?

Pour multiplier plusieurs fractions ensemble, on multiplie tous les mumérateurs ensemble, ce qui donne le numérateur de la fraction produit, et tous les dénominateurs ensemble, ce qui donne le dénominateur de la même fraction.

93. Comment s'appelle la série des fractions quand il y en a plusieurs à multiplier ensemble ?

Cette série s'appelle une *fraction de fractions.*

94. Comment divise-t-on une fraction par une autre fraction ?

Pour diviser une fraction par une autre fraction il faut multiplier le numérateur de la première par le dénominateur de la deuxième et le dénominateur de la première par le numérateur de la deuxième.

Ainsi, pour diviser $\frac{4}{5}$ par $\frac{2}{3}$, on multiplie 4 par 3 et 5 par 2, ce qui donne $\frac{12}{10}$ pour résultat.

95. Que faut-il faire pour réduire des fractions ordinaires en fractions décimales ?

Pour réduire des fractions ordinaires en fractions décimales, il faut ajouter à la droite du numérateur autant de zéros qu'on veut avoir de chiffres décimaux, et diviser ce nombre par le dénominateur.

Quand la division est faite, on sépare par une virgule au quotient en allant vers la gauche autant de chiffres décimaux qu'on a mis de zéros à la suite du numérateur ; s'il ne se trouve pas d'entiers, on met un 0 à leur place à la gauche de la virgule.

Ainsi, pour réduire $\frac{6}{12}$ en fractions décimales et avoir deux chiffres décimaux, on ajoute 2 zéros à 6, et on divise 600 par 12 ce qui donne 0,50.

96. Que faut-il faire pour réduire les fractions décimales en fractions ordinaires ?

Pour réduire les fractions décimales en fractions ordinaires, il faut supprimer le 0 qui se trouve à leur droite, faire de ce nouveau nombre le numérateur de la fraction à laquelle on donne pour dénominateur 1 suivi d'autant de zéros qu'il y avait de chiffres décimaux.

Ainsi 0,43 devient de cette manière $\frac{43}{100}$.

SYSTÈME MÉTRIQUE.

97. Qu'est-ce le système métrique ?

Le système métrique est l'ensemble des poids et des mesures dont l'usage est seul autorisé en France. On l'appelle système métrique parce qu'il a le *mètre* pour base, on l'appelle encore système légal parce qu'il est le seul autorisé par la loi.

98. Qu'est-ce le mètre.

Le mètre est la **dix-millionième** partie du quart du méridien terrestre.

99. Qu'appelle-t-on mesures ?

On appelle mesures les instruments qu'on emploie pour déterminer la longueur, l'étendue, le volume, le poids, et la valeur de tous les l'objets.

100. Combien y a-t-il de sortes de mesures ?

Il y a 6 unités de mesure dans le système métrique :

Le mètre pour les mesures de longueur ;

L'are pour les surfaces et les mesures agraires ;

Le litre pour les liquides et les grains ;

Le stère pour les bois de chauffage ;

Le gramme pour les mesures de poids ;

Le franc pour les monnaies.

101. Se sert-on dans le système métrique de la même numération et des mêmes noms que dans l'arithmétique ?

Dans le système métrique on se sert de la même numération que dans l'arithmétique, c'est-à-dire de la numération décimale où chaque chiffre a une valeur relative dix fois plus petite que celle du chiffre qui est à sa gauche et 10 fois plus grande que celle du chiffre qui est à sa droite ; mais on ne se sert par des mêmes noms pour indiquer les mêmes ordres d'unités.

Ainsi, au lieu de dizaine on dit déca.

Centaine	hecto.
Mille	kilo.
Dizaine de mille	myria.
Et au lieu de dixième	déci.
Centième	centi.
Millième	milli.

On ajoute au bout de ces noms le nom de l'unité conventionnelle dont on parle.

Mesures de longueur.

102. Qu'est-ce que les mesures de longueur ?

Les mesures linéaires sont celles qui ont pour but de mesurer la longueur, comme celles d'une canne, d'une route, la taille d'un homme, la hauteur d'un arbre, etc.

106. Combien emploie-t-on de mesures de longueur ?

On emploie comme mesures de longueur tous les multiples et sous-multiples du système métrique avec le mètre pour unité, savoir :

Le mètre, longueur de	1 mètre.
Le décamètre,	10 mètres.
L'hectomètre,	100 mètres.
Le kilomètre,	1000 mètres.
Le myriamètre,	10,000 mètres.

sous multiples :

Le décimètre,	$\frac{1}{10}$ du mètre.
Le centimètre,	$\frac{1}{100}$ du mètre.
Le millimètre,	$\frac{1}{1000}$ du mètre.

Mesures de surface ou de surperficie.

104. Qu'est-ce que les mesures de superficie?

Les mesures de superficie sont celles qui ont pour but de mesurer la surface d'un objet considéré sous les deux dimensions de la longueur et de la largeur, comme le dessus d'une table, le plafond d'une chambre.

105. Combien y a t-il d'èspèces de mesures de superficie ?

Il y a 3 espèces de mesures de superficie :

1° Les mesures de superficie proprement dites ;

2° Les mesures agraires ;

3° Les mesures topographiques.

106. Qu'est-ce que les mesures de surperficie proprement dites?

Les mesures de superficie proprement dites sont celles qui servent à mesurer les petites surfaces, comme un dessus de table, un mur, etc.

107. Combien emploie-t-on de mesures de surperficie proprement dites ?

On n'emploie que 4 mesures de superficie proprement dites, savoir :

1° Le mètre carré, qui est un carré ayant un mètre de longueur sur chacun de ses côtés ;

2° Le décimètre carré, qui est un carré ayant un décimètre de longueur sur chacun de ses côtés;

3° Le centimètre carré, qui est un carré ayant un centimètre de longueur sur chacun de ses côtés.

4º Le millimètre carré, qui est un carré ayant un millimètre de longueur sur chacun de ses côtés.

108. Quelles sont les valeurs relatives de ces mesures ?

Le mètre carré vaut :

100 décimètres carrés.

10,000 centimètres carrés.

et 1,000,000 millimètres carrés.

D'où-il suit que :

Le décimètre carré égale la 100ᵐᵉ partie du mètre carre,

Le centimètre carré 10,000ᵐᵉ.

Le millimètre carré 1,000,000ᵐᵉ.

109. Comment écrit-on ces mesures ?

Pour écrire ces mesures il faut avoir soin de mettre les décimètres au rang des centièmes, les centimètres au rang des dix millièmes et les millimètres au rang des millionièmes.

Mesures agraires.

110. Qu'est-ce que les mesures agraires ?

Les mesures agraires sont des mesures de superficie destinées à mesurer les grandes surfaces représentées par les propriétés foncières, comme un champ, un bois, un parc, etc.

111. Combien emploie-t-on de mesures ?

On emploie seulement trois mesures agraires, qui sont :

1° L'are, qui est un carré ayant 10 mètres sur chacun de ses côtés : il contient 100 mètres carrés et est la même mesure que le décamètre carré ;

2° L'hectare, qui est un carré ayant 100 mètres sur chacun de ses côtés : il contient 100 ares ou 10,000 mètres carrés, et est la même mesure que le l'hectomètre carré ;

3° Le centiare, qui est un carré ayant un mètre sur chacun de ses côtés ; il est la centième partie de l'are, et est la même mesure que le mètre carré.

112. Quelles sont les valeurs relatives de ces mesures ?

L'hectare vaut 100 ares ou 10,000 mètres carrés ou 10,000 centiares.

L'are vaut 100 m. carrés ou 100 centiares.

Le centiare vaut 1 mètre carré.

113. Combien faut-il de chiffres pour représenter chacune de ces mesures ?

Il faut deux chiffres pour représenter les centiares, deux chiffres pour représenter les ares et pour les hectares autant de chiffres que le nécessite l'opération qu'on fait.

Mesures topographiques.

114. Qu'est-ce que les mesures topographiques ?

Les mesures topographiques sont des mesures de superficie destinées à mesurer des surfaces d'une étendue bien plus grande que celles des propriétés foncières, comme celle d'un département, d'une province, etc.

115. Combien emploie-t-on de mesures topographiques ?

On n'emploie que trois mesures topographiques, savoir :

1º L'hectomètre carré, qui est un carré ayant 100 mètres sur chacun de ses côtés ou 10,000 mètres carrés de superficie, il équivaut à l'hectare ;

2º Le kilomètre carré, qui est un carré ayant 1000 mètres sur chacun de ses côtés ou 1,000,000 de mètres carrés de super- ficie ;

3º Le myriamètre carré, qui est un carré ayant 10,000 mètres sur chacun de ses côtés ou 100,000,000 de mètres carrés de super-ficie.

116. Quelle est la valeur relative de chacune de ses mesures ?

Le myriamètre carré vaut 100 kilomètres carrés ou 10,000 hectomètres carrés.

Le kilomètre carré vaut 100 hectomètres carrés.

L'hectomètre carré vaut 10,000 mètres carrés.

Mesures de volume ou de solidité.

117. Qu'est-ce que les mesures de *volume* ou de *solidité* ?

Les mesures de volume ou de solidité sont des mesures destinées à mesurer les corps que l'on considère tout à la fois sous les 3 dimensions, longueur, largeur, et épaisseur, comme un bloc de pierre, un tas de cailloux, etc., etc.

118. Combien y a-t-il d'espèces de mesures de solidité ?

Il y a deux espèces de mesures de solidité, savoir :

1° Les mesures de solidité proprement dites ;

2° Les mesures de solidité pour le bois de chauffage.

Mesures des solides proprement dites.

119. Qu'est-ce que les mesures de solidité proprement dites ?

Les mesures de solidité proprement dites sont celles qu'on emploie pour mesurer tous les corps, à l'exception du bois de chauffage.

120. Combien emploie-t-on de mesures de solidité proprement dites ?

On n'emploie que quatre mesures de solidité proprement dites, savoir :

1° Le mètre cube, qui est un solide de la forme d'un dé à jouer, qui a un mètre de longueur sur chacun de ces côtés ;

2° Le décimètre cube, qui a un décimètre de longueur sur chacun de ses côtés ;

3° Le centimètre cube, qui a un centimètre sur chacun de ses côtés ;

4° Le millimètre cube, qui a un millimètre sur chacun de ses côtés.

121. Quelle est la valeur relative de chacune de ses mesures ?

Le mètre cube vaut 1000 décimètres cubes.
1,000,000 centimètres cubes.
et 1,000,000,000 millimètres cubes.
Le décimètre cube vaut 1000 centimèt. cubes.
et 1,000,000 millimèt. cubes.

Le centimètre cube vaut 1000 millim. cubes.

122. Combien faut-il de chiffres pour représenter chacune de ces mesures ?

Il faut trois chiffres pour représenter chacune des ces mesures, à l'exception des mètres cubes qui s'écrivent comme à l'ordinaire.

Il s'ensuit que les décimètres cubes doivent s'écrire au 3e rang en allant vers la droite, les centimètres cubes au 6e rang et les millimètres cubes au 9e.

Mesures pour le bois de chauffage.

123. Combien emploie-t-on de mesures pour le bois de chauffage ?

On n'emploie que trois mesures pour le bois de chauffage, savoir :

1° Le stère, qui est un mètre cube;

2° Le décastère, qui est une mesure qui à dix mètres cubes de volume;

3° Le décistère, qui est une mesure qui égale la dixième partie du stère.

Mesures de capacité.

124. Qu'est-ce que les mesures de capacité?

Les mesures de capacité sont celles dont on se sert pour mesurer les liquides, comme l'eau, le vin, la bière, etc., et les matières sèches, comme le blé, l'avoine, les haricots, etc.

125. Combien emploie-t-on de mesures de capacité?

On emploie six mesures de capacité, savoir :

1° Le litre, dont la capacité ou la contenance est égale à celle d'un décimètre cube ;

2° Le décalitre, dont la contenance est de dix litres ;

3° L'hectolitre   d°   100 litres.
4° Le kilolitre   d°   1000 litres.
5° Le décilitre   d· $\frac{1}{10}$ de litre.
6° Le centilitre   d° $\frac{1}{100}$ de litre.

126. Quelle est la valeur relative de chacune de ces mesures ?

Le kilolitre vaut   10 hectolitres.
    100 décalitres.
    1,000 litres.
    10,000 décilitres.
    100,000 centilitres.

L'hectolitre vaut   10 décalitres.
    100 litres.
    1,000 décilitres.
    10,000 centilitres.

Le décalitre vaut   10 litres.
    100 décilitres.
    1,000 centilitres.

Le litre vaut 10 décilitres.
 100 centilitres.

et le décilitre vaut 10 centilitres.

127. Combien emploie-t-on de chiffres pour représenter ces mesures?

Ces mesures se représentent comme les nombres ordinaires.

Mesures de poids.

128. Qu'est-ce que les mesures de poids?

Les mesures de poids sont celles à l'aide desquelles on détermine le pòids des corps.

129. Combien emploie-t-on de mesures de poids?

On emploie huit mesures de poids, savoir:
Le gramme, qui représente le poids d'un centimètre cube d'eau pure.

Le décagramme qui pèse	10 grammes.	
L'hectogramme	100	id.
Le kilogramme	1,000	id.
Le myriagramme	10,000	id.
Le décigramme	$\frac{1}{10}$	de id.
Le centigramme	$\frac{1}{100}$	id.
Le milligramme	$\frac{1}{1000}$	id.

130. Quelle est la valeur relative de chacune de ces mesures?

Le myriagramme vaut 10   kilogrammes.
                        100   hectogrammes.
                     1,000   décagrammes.
                 10,000   grammes.
              100,000   décigrammes.
           1,000,000   centigrammes.
         1,000,0000   milligrammes.
Le kilogramme vaut   10   hectogrammes.
                       100   décagrammes.
                     1,000   grammes.
                 10,000   décigrammes.
              100,000   centigrammes.
            1,000,000   milligrammes.
L'hectogramme vaut   10   décagrammes.
                       100   grammes.
                     1,000   décigrammes.
                 10,000   centigrammes.
              100,000   milligrammes.
Le décagramme vaut   10   grammes.
                       100   décigrammes.
                     1,000   centigrammes.
                 10,000   milligrammes.
Le gramme vaut   10   décigrammes.
                       100   centigrammes.
                     1,000   milligrammes.
Le décigramme vaut   10   centigrammes.
                       100   milligrammes.
Le centigramme vaut   10   id.

131. Combien faut-il de chiffres pour représenter ces mesures?

Les mesures de poids s'écrivent comme les nombres ordinaires.

Mesures monétaires.

132. Qu'appelle-t-on mesures monétaires?

On appelle mesures monétaires ou simplement monnaie les mesures à l'aide desquelles on représente le prix des objets.

133. Combien emploie-t-on de mesures monétaires?

On emploie trois mesures monétaires, savoir :

Le franc, qui est une pièce d'argent pesant 5 grammes et contenant 9 dixièmes d'argent et 1 dixième de cuivre;

Le décime, pièce de monnaie dont la valeur est la dixième partie d'un franc;

Le centime, pièce de monnaie dont la valeur est la centième partie d'un franc.

134. Comment écrit-on les mesures monétaires?

Les mesures monétaires s'écrivent comme les nombres ordinaires.

135. En quel métal sont les monnaies?

Les monnaies sont en or, en argent et en bronze.

136. Quelles sont les pièces d'or ?

Les pièces d'or sont :

La pièce de 100 fr., pesant 32 gr. 258 mil.

La pièce de 50 fr., pesant 16 gr. 129 mill.

La pièce de 40 fr., pesant 12 gr. 94 milligr.

La pièce de 20 fr., pesant 6 gr. 452 milligr.

La pièce de 10 fr., pesant 3 gr. 226 milligr.

La pièce de 5 fr., pesant 1 gr. 613 milligr.

137. Quelles sont les pièces d'argent ?

La pièce de 5 fr., pesant 25 grammes.

La pièce de 2 fr., pesant 10 grammes.

La pièce de 1 fr., pesant 5 grammes.

La pièce de 0,50 c., pesant 2 gr. 50.

La pièce a. 0,20 c., pesant 1 gr.

138. Quelles sont les pièces de bronze ?

La pièce de 10 centimes, pesant 10 gr.

La pièce de 5 centimes, pesant 5 gr.

La pièce de 2 centimes, pesant 2 gr.

La pièce de 1 centime, pesant 1 gr.

PROBLÈMES SUR LES QUATRE RÈGLES.

52. Trois ouvriers ont gagné, l'un 114 fr., l'autre 125 fr. et le troisième 135. Combien ont-ils gagné ensemble ?

53. Un locataire doit pour son loyer 850 fr.

il donne à son propriétaire 715 fr. Combien doit-il encore ?

54. Une voiture omnibus fait 10 voyages par jour, et transporte chaque fois 20 personnes. Combien de voyageurs transporte-t-elle en un jour?

55. Un marchand de volailles achète 48 poules pour 96 fr. Quel est le prix d'une poule?

56. Un négociant achète pour 150 fr. de marchandises et il paye pour le transport 85 fr. Combien doit-il débourser ?

57. La veille d'un combat une armée comptait 60,000 hommes, le lendemain elle n'en comptait que 43,715. Combien cette armée avait-elle perdu d'hommes?

58. Un instituteur a acheté une douzaine de porte-plumes pour 0,45 c. Combien lui coûteraient 12 douzaines?

59. Un autre instituteur reçoit chaque mois 720 fr. pour 80 élèves. Combien paye chaque élève ?

60. Paul est né en 1855. Quel âge aura-t-il en 1885 ?

61. Un voyageur fait 66 pas à la minute. Combien en fera-t-il en huit heures, sachant que dans 1 heure il y a 60 minutes?

62. Un libraire édite une arithmétique de 85 pages. A combien revient l'exemplaire s'il débourse 0,005 millièmes pour chaque page ?

63. Un chapelier a acheté 300 chapeaux 1500 fr. A combien lui revient chaque chapeau ?

RÉPONSES DES PROBLÈMES.
Numération des entiers.

1.—10, 40, 60, 80, 44.
2.—33, 56, 75.
3.—85, 95.
4.—103, 110, 121.
5.—175, 184, 125.
6.—600, 800, 703. 733.

7.—1000, 2000, 4004.
8.—604, 6100, 6017,
9.—10000, 20000, 10001, 10010, 10100.
10—47011, 43211.

Numération décimale.

11. — 33,6.
12. — 33,06.
13. — 33,006.
14. — 80,15.
15. — 90,013.

16 — 70,121.
17. — 75,103.
18. — 1000,001.
19. — 100,01.
20. — 10,1.

Exercices et problèmes sur l'addition.

21. — 495.
22. — 792.
23. — 1030.
24. — 177.

25. — 61.
26. — 412.
27. — 6091.
28. — 130.

Réponse des exercices et problèmes sur la soustraction.

29. — 4431.
30. — 5214.
31. — 2763.
32. — 45.
33. — 7153.
34. — 535673.

35. — Le 2ᵉ pour le vin, de 686. Le 1ᵉʳ pour l'eau-de-vie, de 219.
36. — 1881.

Réponses des exercices et problèmes sur la multiplication.

37. — 2484.	41. — 6768.
38. — 6499.	42. — 4650.
39. — 30478,24.	43. — 2340 francs.
40. — 2612990,24.	

Réponses des exercices et problèmes sur la division.

44. — 44.	48. — 86,43.
45. — 65.	49. — 4682,003.
46. — 4728.	50. — 18 fr.
47. — 6744.	51. — 12 fr.

Solutions des problèmes sur les quatre règles.

52. Réponse, 375 fr.	58. Rép., 5 fr. 40 c.
53. Réponse, 135 fr.	59. Réponse, 9 fr.
54. R. 200 voyageurs	60. Réponse, 30 ans.
55. Réponse, 2 fr.	61. Rép., 31680 pas.
56. Réponse, 1935 fr.	62. R., 0 fr. 42 c. 5 mil.
57. R., 16,285 homm.	63. Réponse, 5 fr.

FIN.

Paris. — Imp. E. DONNAUD, rue Cassette,

9 782019 495862